(N° 1)

...ATION GRATUITE

DE LA

SENTINELLE DU PEUPLE

Feuille politique, agricole et industrielle, à 12 francs par an.

NOTICE ABRÉGÉE

SUR LES BOIS,

OU

... VAUX D'HIVER,

... FRANÇAIS (DE ...)

... AU BUREAU DU JOURNAL,

... SAINT-MICHEL, N° 8, À PARIS

JANVIER 1831

LA SENTINELLE

DU PEUPLE,

FEUILLE POLITIQUE, AGRICOLE ET INDUSTRIELLE
PARAISSANT TOUS LES DIMANCHES.

Dans le format ordin. des grands journaux politiques.

DOUZE FRANCS PAR AN,
Franc de port pour toute la France.

ON S'ABONNE POUR UN OU PLUSIEURS MOIS,
Rue des Francs-Bourgeois St.-Michel, Nᵒ. 8,
près l'Odéon.

POLITIQUE.

Tableau de la marche des af-
faires, extrait des opinions
des journaux quotidiens,
droit public mis à la portée
du peuple.

LOIS, ORDONNANCES, ACTES DE L'AUTORITÉ.
GARDE NATIONALE.

Ordres du jour, instructions
du général en chef, organi-
sation dans les campagnes.

ARMÉE.

Biographie des généraux sortis
des rangs du peuple, actions
d'éclat des sous-officiers et
soldats, avancemens accor-
dés aux soldats.

CALENDRIER HISTORIQUE.

Evénemens de l'histoire na-
tionale se rapportant à
chacun des jours de la se-
maine.

NOUVELLES.

Résumé de tout ce que les
journaux de Paris, des dé-
partemens et de l'étranger
présentent d'intéressant et
de curieux.

CHAMBRES, TRIBUNAUX.
CURIOSITÉS.

Renseignemens utiles sur les
mœurs, l'histoire, les sciences et l'industrie des peu-
ples.

INDUSTRIE, COMMERCE.

Inventions nouvelles, découvertes, procédés, arts et metiers, mécanique, etc., etc., mœurs et usages des ouvriers.

AGRICULTURE.

Indications utiles, aux petits cultivateurs, procédés nouveaux, description des instrumens et des outils avec dessins explicatifs, bestiaux, culture, laines, engrais, etc., etc.

DROIT RURAL.

Principes et motifs de lois sur les intérêts agricoles et de famille, cours d'eau, bornages, haies, fossés, murs mitoyens, police rurale ou forestière, chasse, pêche, etc., etc.

MÉDECINE PRATIQUE.

Destruction des croyances et préjugés populaires, principes de médecine, d'hygiène, de chirurgie.

ENSEIGNEMENT ÉLÉMENTAIRE.

Méthodes, nouvelles, livres nouveaux.

LITTÉRATURE POPULAIRE.

Histoires, contes, chansons.

PUBLICATIONS GRATUITES.

Avec le journal, les abonnés reçoivent des petits traités spéciaux sur les sciences utiles.

MERCURIALE DU PRIX DES DENRÉES, BOURSE.

LA SENTINELLE DU PEUPLE paraît depuis le 31 octobre 1830 ; les numéros déjà publiés contiennent un grand nombre d'articles intéressans signés par des personnes dont le nom est connu est le talent incontestable.

Le moyen le plus sûr et le plus facile pour s'abonner est de s'adresser à un libraire ou à un directeur de la poste aux lettres. (Affranchir.)

NOTICE

ABRÉGÉE

SUR LES BOIS,

OU

TRAVAUX D'HIVER;

Par M. FRANÇAIS, (de Nantes).

ESSENCES DES BOIS. — EXPLOITATION. — AMÉNAGEMENT. — CARBONISATION.

Se distribue gratuitement

AUX ABONNÉS DE

LA SENTINELLE DU PEUPLE,

FEUILLE POLITIQUE, AGRICOLE ET INDUSTRIELLE
A 12 FRANCS PAR AN.
Rue des Francs-Bourgeois-St.-Michel, N°. 8.

JANVIER 1831.

PARIS. — IMPRIMERIE ET FONDERIE DE FAIN,
RUE RACINE, N. 4, PLACE DE L'ODÉON.

NOTICE

ABRÉGÉE

SUR LES BOIS.

ESSENCES DES BOIS.

A la tête des bois durs est, sans contredit, le roi des forêts, le chêne, qui ne trace ni ne drageonne, mais qui, par l'abondance de ses fruits, est très-propre à remplir les vides des bois, qui pousse plus vigoureusement peut-être qu'aucun autre arbre sur les vieilles cépées, dont la vie est de près de deux siècles, qui offre la première des charpentes et le plus parfait des tans. Quoiqu'il pivote, il pousse mieux les premières années en mauvais terrain qu'en bonne terre ; mais cette fécondité n'est pas de longue durée. Il

offre l'inconvénient d'être sujet à la gelée ;
c'est pour cela qu'il a besoin de société
pour l'en garantir ; et il lui faut, pour
monter aussi haut qu'il peut s'élever,
l'aide d'un taillis ou d'un gaulis de trente
à quarante ans, qui le fasse filer en dé-
truisant les branches basses, et le con-
traigne à porter sa tête fort haut.

Le frêne est le second arbre de la première classe. Il est plus difficile que le
chêne sur la qualité du terrain ; il lui faut
un sol profond et un peu humide ; sa tige
s'élève beaucoup plus en massif qu'isolé.
Il ne drageonne ni ne pivote ; mais il
pousse de grandes racines latérales avec
lesquelles il détruit plusieurs espèces de
bois blanc, et il ne sympathise qu'avec le
tremble et le peuplier, dont la végétation
est hâtive.

Le hêtre ne prospère pas sur mauvais
terrain comme le chêne. Il lui faut un sol
profond, limoneux, ou composé de sable
mêlé avec de la terre franche. Son bois
convient à la boissellerie, parce qu'il a la
fibre souple et qu'il est susceptible de
prendre un beau poli. La tête du hêtre se
dessèche ordinairement à quarante pieds de

hauteur, mais il se forme bientôt une nouvelle tête par-dessus la première. Les hêtres ne pivotant pas comme le chêne, leurs racines s'entendent si bien entre elles, qu'on les voit quelquefois s'accoler l'un contre l'autre, et élever leurs tiges comme si elles sortaient de la même cépée.

L'orme détruit les bois blancs, et il finirait par faire périr le chêne s'il était en trop grand nombre dans un taillis. Son instinct est de pivoter en bon terrain ; mais, si le sol n'est pas profond, il trace à de grandes distances, il se reproduit par des milliers de graines, et il finirait par s'emparer de toute une forêt si on le laissait faire. On doit le considérer comme arbre d'alignement, et il vient à merveille au milieu des haies et des buissons. On compte beaucoup de variétés dans cette espèce ; la plus commune est l'orme auquel la science a donné le nom de *Pyramide*. Son grand avantage dans le charonnage provient de ce que sa fibre se resserre lorsqu'il a cinq pieds de tour. Plus vieux et plus gros, il est moins recherché. Il produit beaucoup de graines, mais on le multiplie par les drageons et les marcottes.

Le châtaignier ne doit pas être admis en plein bois ; il ne convient qu'en taillis, pour former les meilleurs cercles que l'on connaisse ; il est plus sujet que les autres essences à la gelée, il lui faut un terrain limoneux et sablonneux, il veut croître en pleine liberté. En plein bois, il acquiert rarement six pieds de circonférence, tandis qu'abandonné à lui-même sa circonférence acquiert jusqu'à seize pieds. Quarante ou cinquante châtaigniers d'une belle venue, peuvent couvrir un arpent, produire chacun quinze francs de revenu par année et payer, en une seule récolte de fruits, la valeur du sol. Le châtaignier est meilleur comme bois de charpente que le chêne, parce que les vers ne l'attaquent point.

Voici quels sont les inconvéniens du charme : il trace beaucoup trop, il pousse une grande quantité de rejetons depuis sa racine, il fait périr tous les bois blancs qui viennent au milieu de ses rejets, et même les bois durs. L'ypréau et l'orme lui résistent seuls ; ses racines ne poussent

pas de drageons ; mais ses cépées semble-
raient impérissables si les mulots ne l'at-
taquaient pas. Il n'y a que les souris qui
soient avides de ses graines.

Ce n'est que depuis fort peu d'années
qu'on trouve l'ypréau en plein bois. Il n'est
bien que là, ou dans des friches. Planté en
avenue, et le long des terres arables, il
couvre les terres de ses drageons, et il
finirait par les envahir et détruire toute
culture. Il s'empare de toutes les clairières
de bois comme les trembles. Coupé à
quatre ou cinq ans, les rejets d'une seule
cépée couvrent un cercle de vingt-cinq
pieds de diamètre. Trente arbres ainsi
coupés suffisent pour peupler un arpent.
Il lui faut un terrain un peu humide ;
son bois vaut mieux que celui du tremble
et du tilleul ; il sympathise fort bien avec
les bois durs.

Le bouleau ne se reproduit ni par ses
racines ni par ses drageons, mais il rend
une immense quantité de graines que les
vents dispersent, et qui conservent leur
vitalité durant bien des années. Planté
avec le tremble et l'ypréau, il est très-
utile pour repeupler un bois en décadence ;

il vit quarante à cinquante ans ; mais il est toujours utile de couper le taillis à vingt ans, il donne beaucoup de bois à l'éclaircie.

Les saules sont fort utiles dans le Nord : outre le chauffage qu'ils procurent, ils y donnent du tan, des écorces avec lesquelles ou fabrique des filets et même des étoffes. La monographie de cet arbre est très-difficile à faire, parce qu'il y en a de beaucoup d'espèces. Le *salix caprea* ou marsaule, vient dans les bois. Il est réputé arbre forestier de la troisième grandeur, il s'élève jusqu'à trente pieds, et il vit trente à quarante ans. Il produit beaucoup de graines, il vient de boutures, de drageons, de racines, et, en conséquence, il est très-bon pour repeupler avec le bouleau les bois humides ; il repousse très-bien en cépée, mais non en tétard comme les saules des prés ; sa feuille est plus large, plus cotonneuse en dessous, plus lisse en dessus et d'un vert plus tendre ; son bois est rougeâtre, plus dur, plus plein, meilleur pour le chauffage et pour le charbon, et pour former des échalas, que le saule ordinaire. La seconde espèce de marsaule

ne s'élève que de six à dix pieds , ses racines poussent et tracent comme les ronces.
Cette espèce appelée pourpre est très-
vivace , et elle est une teigne dans les bois.

Le tilleul est très-nuisible dans les taillis. Il détruit les bois blancs et les bois
durs, il graine et drageonne beaucoup ;
on doit toujours chercher à le détruire ,
ainsi que le charme et le coudrier ; il offre
cependant l'avantage d'un beau poli dans
son tissu , et d'un cordage médiocre dans
ses écorces.

Le tremble vient moins grand que l'y-
préau ; il dépérit à cinquante ans , et il
donne beaucoup de châblis durant son
existence ; l'orme et le charme le font périr ; il vient partout , excepté sur les sols
brûlans.

L'aune , qui est très-pittoresque , ne
vient qu'en alignement le long des rivières,
des étangs et des mares.

Le peuplier indigène ne prospère pas
sur les glaises et les marnes. Il ne vient
bien qu'en terrain frais et humide; le
peuplier suisse et le peuplier d'Italie
n'appartiennent pas aux forêts , ce sont
des arbres d'alignement. Le peuplier

d'Italie, ou pyramidal, est le plus mauvais de tous les bois, soit pour le sciage, soit pour le chauffage ; il ne vaut pas le saule qui pèse, le pied cube sec, 27 livres, ni le peuplier suisse qui pèse 39 livres, tandis que le poids de cette première espèce est de 25 livres.

Parmi les arbres à fruit, on distingue le merisier, comme étant de seconde grandeur, et s'élevant jusqu'à trente ou quarante pieds de hauteur. Il entrait jadis comme partie essentielle dans la menuiserie ; mais depuis qu'on a trouvé le moyen de débiter l'acacia en feuilles, et de l'appliquer sur le chêne avec une colle plus adhérente encore que les fibres du bois entre elles, le merisier a beaucoup déchu de sa valeur.

L'alisier est un arbre de seconde grandeur : les oiseaux aiment beaucoup son fruit, et il se transporte partout ; son bois est très-dur, et l'on en fait des vis de pressoir.

L'érable, qui résiste aux plus fortes gelées, et qui se défend contre les arbres les plus exigeans, deviendrait le tyran et l'envahisseur des bois, si la nature lui

avait accordé plus de moyens de reproduction qu'il n'en a.

On a donné le nom de teigne des bois
au coudrier, qui détruit toutes les esssen-
ces, tant ses racines sont fortes et nom-
breuses, et tant ses cépées sont abondantes
en rejetons, qui étouffent toutes les essences.

On voit encore dans les grandes forêts
des pruniers, pommiers, poiriers, néfliers,
amelanchiers, azéroliers, guiniers, griot-
tiers ; et parmi les arbrisseaux, on trouve
l'aubépine, l'épine noire, l'églantier, la
bourdaine, les cornouilliers, fusains, ner-
pruns, sureaux, troënes, chèvre-feuilles,
épines-vinettes, framboisiers, groseilliers,
houx, viornes, genévriers, bruyères et
genêts.

Tous les arbres et arbrisseaux dési-
gnés ci-dessus doivent être rigoureuse-
ment arrachés. Sur bon terrain à bois, de
première et deuxième qualités, ayant
deux pieds de bonne terre sur fonds d'ar-
gile, il faut planter le frêne, le chêne, le
hêtre, mêlé avec le tremble, le bouleau,
l'ypréau, le peuplier indigène, et le marsaule de première qualité.

Les arbres à fruit appartiennent à la
classe des bois durs, et à la famille natu-
relle des rosacées. Les bois blancs appartiennent généralement aux amentacées. On
dirait que la nature prend un malin plaisir
à se moquer de la science et à échapper
aux nomenclatures.

EXPLOITATION DES BOIS.

On ne doit jamais couper les vieux arbres en pivot, ni en pot, ni les jeunes taillis en bec de flûte. La taille en pivot consiste à fouiller jusqu'à la racine et à couper le tronc à sa naissance, afin de gagner quelques pieds ou quelques pouces sur la longueur de la pièce. La taille en forme de pot consiste à pousser la hache verticalement au lieu de la porter horizontalement, et à former ainsi dans le tronc, qui demeure en terre, une cavité qui retient l'eau, pourrit les racines, et arrête la pousse des rejetons. L'abattage du taillis en bec alongé, au lieu de la coupe transversale, rend la plaie de l'arbre plus étendue, et conséquemment plus difficile à cicatriser, ce qui nuit considérablement à la reproduction des rejets. La meilleure manière de couper les futaies sur taillis, c'est la coupe entre deux terres, immédiatement au-dessus du collet, parce que cette enveloppe terreuse empêche le tronc de pourir trop rapidement. Les plaies du tronc, soumises alternativement à l'action du soleil, de la pluie, du gel et du dégel, guérissent difficilement. Le tronc se gerce, se fendille, et donne lieu à une si grande déperdition de séve, qu'il n'en reste plus assez pour alimenter les rejets. Il serait à désirer qu'il fût possible de couper dans le moment qui précède la séve du printemps, parce que cette séve qui s'extravase forme sur les plaies une couche qui se coagule, cicatrise la blessure et favorise le développement. Les bois coupés l'automne ou l'hiver se gercent, l'écorce se sépare du liber, les pluies et les neiges altèrent le tissu cellulaire, et font souvent mourir les racines. Il faudrait, s'il était possible, imiter les jardiniers, qui placent du mastic sur les tiges qu'ils ont attaquées avec la serpe. Il faudrait les imiter encore dans les opérations de l'éclaircie, et détruire les drageons et brins inutiles. La beauté des rejetons sur les vieilles cépées est toujours en raison inverse de leur nombre. Ne laisser sur chaque cépée qu'un ou deux rejetons les mieux venans, est une opération utilement pratiquée par quelques propriétaires forestiers qui vivent sur leur domaine.

C'est lorsqu'on exploite un bois qu'il faut purger le sol de tous les bois traînards et parasites, et notamment des coudriers et des charmes, réduire le nombre des ormes qui, en se multipliant par leurs racines et leurs graines, finissent par s'étouffer les uns les autres. On doit abattre de préférence ceux d'entre les anciens qui ont pris tête trop tôt, qui sont fourchus ou pommiers, ou bien trop rapprochés les uns des autres, ou percés à la bifurcation du tronc par des pics qui y pratiquent des ouvertures qui, en se remplissant d'eaux pluviales, carient la pièce d'un bout à l'autre. Parmi les baliveaux de l'âge, on doit choisir les arbres les plus droits, les plus vigoureux, ceux qui viennent de brin, et non pas ceux qui poussent sur les vieilles cépées, alors même qu'ils paraissent plus vigoureux au moment de la coupe. Il est

évident que cet état de vigueur ne sera
pas de longue durée, et que le brin qui a
sa racine propre aura une plus grande lon-
gévité que celui qui se reproduit sur une
souche déjà affaiblie par plusieurs coupes.
Les rejets de cépées ne sont bons que pour
former un taillis bien fourré. Les baliveaux
de l'âge et les anciens sont fort utiles,
comme porte-graines remplissant les vides
et propres à repeupler une forêt déjà
vieillie. Dans un langage moitié forestier,
moitié vétérinaire, on donne à ces arbres
le nom d'étalon.

Durant la coupe et les quatre ou cinq
années qui la suivent, on ne doit jamais
souffrir l'enlèvement des glands, des faînes,
des châtaignes, avec quelque abondance
que la nature les prodigue. Quand le
taillis a pris de la hauteur, cet enlèvement
n'a pas de grands inconvéniens, parce que
les plants qui pourraient naître seraient
étouffés par les branches.

Je dois signaler, comme les plus grands
ennemis des taillis, les troupeaux de bêtes
à laine et à cornes, et les chevaux de labour
et de charroi. Un bois n'est pas une prai-

rie destinée au pâturage. Le propriétaire qui permet le parcours dans les allées de ses bois bordés de taillis, et quelque larges qu'elles puissent être, perd toutes les lisières qui composent toujours les parties les mieux venantes d'un bois, parce qu'elles prennent mieux l'air. La permission, accordée aux propriétaires des chevaux ou mules, qui voiturent les bois et les charbons, de faire paître dans les coupes de bois, est la source de grands dommages. Toutes les bêtes ruminantes préfèrent les bourgeons aux herbes, et les chevaux particulièrement affectés au service des bois ont un instinct semblable à celui des chèvres. Accorder la permission de couper de l'herbe dans les bois, ou de la faucher dans les clairières un peu étendues, entraîne toujours avec elle de grands dommages, parce que, en coupant l'herbe, on détruit les jeunes plants et les brins naissans de bois blanc et de bois dur.

Tant que l'exploitation de vos bois durera, il est de votre devoir de veiller à ce que les bûcherons ne renversent pas les vieux arbres sur les baliveaux et sur les autres arbres réservés ; à ce qu'ils dirigent leur chute sur des taillis destinés à être coupés ; à ce que les voituriers de charbon, qui fréquentent vos bois durant six mois , ne mettent pas leurs chevaux en pâture dans votre bois ; à ce que les charrettes passent dans les routes usitées et battues, n'en fraient pas de nouvelles, et n'endommagent pas les lisières ; à ce que la charpente soit promptement équarrie et débardée sur la route, ainsi que les tas de fagots et les bois d'industrie qui , demeurant invendus, ne peuvent être enlevés durant la belle saison ; à ce que les bois et bourrées de bûcheron soient, ainsi que les copeaux d'équarrissage, enlevés avant la moisson , ou immédiatement après (et si ces charrois sont renvoyés au printemps prochain , qui est ordinairement pluvieux dans tout le nord de la France, ces marchandises passeront l'hiver et la belle saison suivante dans votre bois, et vous serez obligé d'attendre les beaux jours d'été pour opérer une évacuation complète) ; à ce que les grands fossés de pourtour et d'écoulement, les sangsues et rigoles, les ponceaux et les gargouilles soient promptement relevés durant l'automne, aux frais de l'adjudicataire, et que les nouveaux moyens d'écoulement, que l'expérience vous aura montrés nécessaires, soient faits à vos frais dans le même délai ; à ce que tous les troncs des jeunes taillis et les cépées des vieux arbres soient recouverts d'un ou deux pouces de terre ; à ce que les barraques en terre ou en torchis, élevées par les charbonniers, les abris destinés aux ouvriers qui travaillent les bois d'industrie, les demeures passagères bâties par les garde-bois et les garde-ventes soient démolies et rasées, la terre disséminée sur les jeunes taillis, les ramées, bardeaux et solives enlevés et portés hors du bois. Avec ces moyens employés durant le printemps, l'été et les premiers jours d'automne, vous aurez gagné un an, et même deux ans ; et vous devez calculer la feuille d'un an, en sol médiocre, à raison de trente francs l'hectare, et de soixante francs en sol de première qualité.

Le principe est qu'il faut planter en lignes régulières et suffisamment espacées des plans de deux années, enlever avec beaucoup de précaution les parties endommagées des racines, leur laisser la totalité de leurs chevelus, faire le moins de plaies possible, et étendre de la terre sur les plaies comme on met de l'onguent sur une blessure; rejeter les plans dont les racines sont sèches ou chancies; placer la terre de la superficie et la plus meuble au fond du trou, et ensuite plomber la terre extérieure à coups de sabot, afin que l'air n'y pénètre pas; donner un labour deux fois par an durant trois ans; sarcler, biner, buter, etc., etc.

Quant au semis de graines, on doit les faire stratifier durant tout un hiver, et les semer durant les premiers jours du printemps, parce qu'en terre humide elles courraient le risque de se pourir ou d'être mangées par les pies, les corbeaux et les petits quadrupèdes granivores ou fructivores. La grosseur de la graine est la juste mesure du degré de profondeur suivant lequel on doit l'enterrer. Les glands et les châtaigniers doivent être couverts de douze à quinze lignes de terre; les graines de bouleau, orme, platane, tilleul, peu-

plier et saule de six lignes. On sème quelquefois à graine perdue dans les clairières
des bois ; mais il faut semer sur les herbes et avant qu'elles tombent, afin que
les graines ne soient pas étouffées sous leur
poids. On sème aussi des glands, des faînes
et des graines de bouleau au milieu des
épines, des genets et des bruyères qui ga-
rantissent les jeunes plants de la gelée
et du hâle ; et, quand le terrain est bon,
il arrive ordinairement que les plants, en
grandissant, étouffent les mauvaises essences qui les ont abrités ; mais la croissance de ces bois est beaucoup plus lente
que celle qui est opérée sur planches avec
de bons labours.

En terre légère, on peut planter dans
des trous d'un ou deux pieds de diamètre,
sans qu'on soit obligé de défricher la totalité du terrain ; mais si le sous-sol est ar-
gileux, le trou se remplit d'eau et les racines pourissent. On peut former aussi une
forêt de bois blanc en plantant deux cents
boutures de tremble, et deux cents racines
d'ypréau par arpent. On les laisse se dé-
velopper pendant quatre ans, après quoi

on les récèpe pour leur donner une vigueur nouvelle.

L'automne est l'époque la plus favorable pour les plantations en terre légère, et le printemps en terre humide.

AMÉNAGEMENT.

Il reste à déterminer l'âge auquel on doit exploiter un taillis composé de chêne et de bois blanc. Si les diverses essences prenaient un accroissement égal chaque année, le calcul serait fort simple ; mais cet accroissement est progressif. Les arbres opèrent leur croissance du dehors en dedans, et ils se couvrent chaque année d'une nouvelle épiderme qui devient successivement écorce, liber, aubier. Il en résulte que le volume de chaque couche annuelle qui enveloppe la tige s'accroît à mesure que l'arbre grossit en avançant en âge, et que le poids et le volume de chacune de ces enveloppes doit être calculé suivant le carré du diamètre des tiges. Ainsi, une tige de trois pouces d'épaisseur obtient une couche de neuf pouces , tandis qu'une tige de six pouces , âgée de douze ans , est couverte par une autre couche qui a trente-six pouces de solidité. Les arbres croissent donc d'autant plus que leur âge est plus élevé, jusqu'au moment où ils arrivent au *maximum* de leur grosseur.

Pour déterminer avec précision la valeur de chaque pousse annuelle , on a pris le parti de peser chacune de ces pousses , et l'on a trouvé qu'elles suivaient une échelle ascendante ; suivant le carré du diamètre des tiges. Mais ce moyen, nécessitant un abattage et offrant beaucoup de difficultés , feu M. Depertuis (le praticien le plus estimé et le plus judicieux entre tous ceux qui ont traité des forêts) trouva plus expédient de prendre pour base la longueur des jets de chaque année. Il divisa les bois en cinq classes , en commençant par les mauvais sols qui ne produisent , en quinze ou vingt ans , qu'un taillis de six à neuf pieds ; et il conseilla de le couper à cet âge où il cesse de croître. Quant aux sols qui , à vingt-cinq ans , produisent un taillis de quarante à cinquante pieds , et qui croissent encore , il conseilla

de le couper à quarante ou cinquante
ans. Le terme moyen entre les deux ex-
trêmes est de vingt-cinq à trente ans ;
c'est à cet âge qu'on devrait exploiter les
bois de première qualité, et, en conséquence, celui qui possède un taillis de
mille arpens, ne devrait couper, chaque
année, que quarante ou trente-trois arpens. Comme il est prouvé que, de vingt
à trente, le bois donne un produit double
de celui qu'il a acquis durant les vingt
premières années, on est assuré de trouver,
pour un taillis de trente ans un prix
double de celui qu'on obtiendrait à
vingt.

La jeunesse des bois est d'un à vingt
ans, leur virilité de vingt à cent ; la pe-
santeur des bois accroît avec leur âge, et
le degré de chaleur qu'il procure se cal-
cule suivant leur poids. Vingt et une
cordes d'un taillis de vingt-cinq ans,
produites par un arpent, entretiennent
le feu aussi long-temps que vingt-cinq
cordes d'un taillis de quinze à vingt ans.
Dans les taillis de quinze ans, on ne trouve
pas de bois de moule ; dans les taillis de
vingt ans, on en trouve fort peu. On n'ob-

tient la valeur la plus haute qu'à vingt-cinq ou trente ans.

Si l'on ne coupait les taillis qu'à cet âge, il y aurait en France beaucoup plus de bois, et conséquemment une diminution sensible dans leur valeur vénale.

La serpe, employée journellement, est l'ennemie la plus mortelle de la prospérité des bois.

M. Noirot, de Dijon, qui a appliqué avec beaucoup de bonheur la géométrie à la science forestière, a établi dans une échelle de progression que les futaies sur taillis, mêlées de bois blancs et bois durs, donnent à la cinquième année une valeur de 25 et à la dixième de 100 ; en sorte que la valeur a quadruplé en cinq ans. A la vingtième année on obtient une valeur de 400, à la trentième de 900, à la quarantième de 1,600. En sorte que de dix à vingt ans leur valeur a quadruplé ; de vingt à trente ans, a plus que doublé ; et de trente à quarante, un peu moins que doublé.

M. Lucotte, inspecteur près la conservation de Dijon, a publié une table de progression des valeurs en argent des bois taillis, suivant leur âge et les prix du pays; et il a trouvé qu'un hectare de taillis vaut à six ans 60 francs, à 10 ans 162 francs, à quinze ans 344 francs, à vingt ans 525, à trente ans 1,030 francs, à trente-cinq ans 1,200 francs, à quarante ans 1,600 francs. Ces deux échelles se contrôlent et se fortifient l'une par l'autre.

On doit à M. Lucotte un troisième tableau sur la production de chaque essence de bois, duquel il résulte les faits suivans :

À 10 ans, le chêne vaut 100 francs l'hectare, le charme 80 francs, le tremble 120 francs, le bouleau 125 francs.

À 20 ans, le chêne vaut 400 francs, le charme 320 francs, le tremble 500 francs, le bouleau 600 francs.

À 30 ans, le chêne vaut 900 francs, le charme 650 francs, le bouleau 700 francs.

À 40 ans, le chêne vaut 1,600 francs, le charme 1,000 fr., le tremble 1,100 fr., le bouleau 900 francs.

3*

A 5o ans, le chêne vaut 2,5oo francs, le charme 1,65o francs, le trémble 2,1oo fr., le bouleau 9oo francs.

A 6o ans, le chêne vaut 3,6oo francs, le charme 2,ooo fr., le tremble 2,1oo fr., le bouleau mort.

CARBONISATION.

On commence par choisir dans le bois
une place élevée , circulaire, noircie par
les fourneaux qu'on y avait précédemment
établis , et ayant environ trente pieds de
diamètre : on fait porter dans des brouet-
tes à civière huit cordes de bois sur cette
place, après l'avoir nettoyée. On aiguise
une longue bûche par l'un de ses bouts,
on l'enfonce en terre à coups de marteau,
on la fend en quatre à son bout supérieur;
et l'on ajuste dans cette fente deux ron-
dins qui se croisent à angle droit sur un
plan horizontal ; puis on forme le parquet
de la charbonnière avec d'autres bûches
étendues à côté les unes des autres, comme
les rayons d'un cercle dont le centre est la
bûche fichée en terre : on fixe les diverses

parties de ce parquet avec des chevilles, pour que les pièces ne se dérangent pas. On dresse sur ce plancher toutes les bûches, en leur donnant pour point d'appui la pièce du milieu, et on forme ainsi un cône solide, tronqué à son extrémité, ayant trente pouces de hauteur et vingt pieds de diamètre.

Ce premier étage étant formé, on aiguise un autre rondin par le bout, on l'implante au milieu du cône, de manière qu'il puisse en surpasser la hauteur de trois à quatre pieds ; puis on construit sur le sommet un second cône par-dessus le premier, d'une dimension moins grande, toutes les bûches ayant la même inclinaison sur un axe commun.

Le bûcher ainsi disposé, on garnit l'intervalle vide que laissent les bûches entre elles avec du même bois que l'on nomme bois de chemise ; on couvre toute la surface avec des roseaux et de grandes graminées, telles que peuvent en fournir les clairières des bois. On couvre le tout avec un mélange composé de terre et de poussier de charbon, et qui est connu sous le nom de *frazin*. On monte plusieurs fois , à l'aide d'une échelle courbe , sur le sommet de ces deux cônes tronqués , qui, placés l'un au-dessus de l'autre , et masqués par une couverture commune, offrent l'aspect d'un hémisphère.

Le fourneau étant ainsi achevé , on enlève la bûche placée au sommet, et l'on jette dans le vide qu'elle laisse , et qui forme ainsi une sorte de cheminée, des brindilles de bois très-sec , une pellée de braise , tandis que des ouvertures, laissées entre les bûches au niveau de la terre, servent de soufflet. La flamme brille au même instant au sommet de la couverture , et quand le charbonnier est assuré que le feu a saisi le bûcher , il se hâte d'en boucher la cheminée avec du gazon , de manière que la flamme puisse librement s'étendre et circuler dans l'intérieur. Le feu , comprimé par le haut , et alimenté par l'air qui s'introduit par le bas , se fait jour par une crevasse ; mais le charbonnier , qui a les yeux perpétuellement fixés sur son fourneau , se hâte de la boucher. On modère le feu intérieur quelquefois en ouvrant la cheminée ; d'autres fois en abritant son fourneau avec des claies ou des bourrées du côté où vient le vent. Quelques heures après, on voit la charbonnière s'affaisser dans une de ses parties, par l'effet d'un feu trop vif ; on augmente l'ardeur du feu du côté opposé, et on le fait ainsi circuler avec égalité dans toutes les parties du bûcher, suivant le besoin et d'après les indications extérieures que fournit l'état de la couverture. (Sans cette attention perpétuelle, au lieu de charbon on n'obtiendrait que des cendres.)

C'est dans la seconde nuit que le feu apparaît, et c'est lorsque la chemise est toute rouge que l'on reconnaît que la carbonisation est complète ; alors on rafraîchit, on enlève la chemise rouge, on en place une nouvelle semblable à la première, composée de terre et de poussier de charbon ; on bouche toutes les ouvertures, on éteint complétement le feu, et l'on enlève le bois qui est devenu charbon, en conservant la position qu'on lui avait donnée lorsqu'on dressa le bûcher. La perfection du procédé serait qu'il n'y eût jamais de bûches brisées, et que le charbon eût toujours vingt-huit pouces de long, sans fumeron, cendre ni poussier : mais on a beau faire, il y a toujours des accidens imprévus, et la preuve en résulte de ce que, dans les fourneaux les mieux conduits, on est toujours obligé de mettre à part deux ou trois sacs de charbonette qui a perdu un tiers ou un quart de la valeur qu'elle aurait eue si le feu avait pu être parfaitement dirigé. Une corde de bois, de vingt-huit pouces, donne ordinairement un peu plus de trois voies de charbon, pesant chacune de soixante-dix à quatre-vingts livres; la voie de charbon se compose de deux hectolitres combles. Le *rhamnus frangilla*, en français le bourgène ou aune noir, fournit douze livres de charbon par quintal. Ce charbon est le meilleur que l'on puisse employer pour la fabrication de la poudre.

Comme le carbone est la matière première du charbon, il faut qu'il y ait dans l'atmosphère une grande quantité de gaz carbonique pour subvenir au besoin perpétuel des feuilles d'arbres qui le pompent, et alimentent ainsi les arbres qui le rendent en charbon. Les forêts qui rendent le plus de charbon seraient donc les plus malsaines, si les feuilles n'en séparaient l'oxigène et ne le versaient dans l'atmosphère.